Extrait du journal LE GÉNIE CIVIL

LA
STATUE DE LA LIBERTÉ

ÉCLAIRANT LE MONDE

PAR

CH. TALANSIER

INGÉNIEUR DES ARTS ET MANUFACTURES

PARIS

PUBLICATIONS DU JOURNAL *LE GÉNIE CIVIL*

6, RUE DE LA CHAUSSÉE-D'ANTIN, 6

1883

FIG. 1. — La Statue de la Liberté éclairant le Monde.

LA
STATUE DE LA LIBERTÉ

ÉCLAIRANT LE MONDE

Dans quelques semaines sera terminée la colossale statue de *La Liberté éclairant le Monde* qui doit, sous forme de phare, symboliser, à l'entrée de la rade de New-York, l'Union franco-américaine.

Cette œuvre est aussi remarquable au point de vue de l'art proprement dit qu'au point de vue de l'exécution matérielle; à ces deux titres elle fait honneur à notre pays.

Le sculpteur qui l'a conçue est M. Bartholdi, le vaillant et sympathique auteur du *Lion de Belfort*.

C'est à M. Eiffel, l'ingénieur bien connu qui a construit le pont du Douro et qui travaille en ce moment au viaduc de Garabit, qu'est échue la tâche difficile de calculer le squelette en fer de cette œuvre gigantesque.

L'enveloppe en cuivre repoussé a été exécutée à Paris dans les ateliers de MM. Gaget, Gauthier et Cie. Ce travail de martelage est unique dans son genre; les difficultés habilement vaincues, la perfection de l'ouvrage, feront de la statue terminée un immense chef-d'œuvre, du genre de ceux qui, à une échelle bien réduite, servaient autrefois d'épreuve définitive au praticien désireux d'acquérir le titre de Maître.

Le public est déjà édifié sur les données générales de cette œuvre dont il a fait les fonds. Ce que l'on connaît moins, et ce qui n'est pas le moins intéressant de la question, ce sont les conditions pratiques de l'exécution de ce monument de 46 mètres de hauteur; aussi les décrirons-nous avec quelques détails. Il y a toujours des enseignements à tirer d'un *tour de force* industriel de cette importance.

La statuaire colossale. — La conception des œuvres monumentales semble être la caractéristique d'un certain degré d'avancement dans la civilisation des peuples. Sans parler des monuments proprement dits, des dolmens, des menhirs, des colonnes et des pyramides, on trouve généralement une statue colossale dans l'histoire de toutes les grandes nations. Cette conception correspond à un besoin normal particulier dont la manifestation, ce qui ne se produira certainement pas dans le cas que nous envisageons, a souvent marqué l'apogée du progrès local.

Les peuples de l'antiquité ont élevé beaucoup d'œuvres immenses en l'honneur de leurs divinités. Chez eux la majesté d'un dieu paraît souvent dépendre de la grandeur de son image ; mais celle-ci cherche toujours à exprimer la force et la majesté : les tailles les plus imposantes sont données aux dieux les plus puissants et les plus redoutés.

Dans l'ancienne Égypte, les colosses formaient une partie essentielle de la décoration des grands temples et des palais. Ils étaient représentés dans une attitude calme et uniforme, soit assis, soit debout, le buste droit, les jambes rapprochées, les bras collés au corps, les mains étendues sur les cuisses ou posées sur les genoux. Tous les détails jugés inutiles y étaient supprimés sans ménagement pour faire ressortir la simplicité des lignes et l'étendue des surfaces ; le style en était sobre, large et sévère, et s'ils représentaient des individus, c'était l'homme dépouillé déjà de son caractère terrestre et passé, en quelque sorte, à l'état de divinité.

Outre ses grandes pyramides, ses obélisques de cent pieds de hauteur, ses tombeaux gigantesques, ses sphinx innombrables et énormes, l'Égypte était couverte de ces statues hautes de cinquante et de soixante pieds, taillées dans un seul bloc de pierre.

Hérodote mentionne un colosse d'Osiris, qui avait 75 coudées ($28^m 32$). A Memphis on a exhumé, il y a quelques années, une statue en granit de Ramsès II, qui devait avoir 45 pieds (15 mètres). Devant l'entrée du palais de Louqsor étaient assis quatre colosses semblables de 40 pieds de haut. Près de Gournah, on voit encore les tronçons d'une statue gigantesque de Ramsès le Grand, représenté assis. Exécutée en granit rose d'un seul morceau, elle devait avoir $17^m 50$ de hauteur et pesait plus d'un million de kilogr.

Nous citerons enfin les deux colosses de Memnon, qui, quoique assis, mesurent chacun plus de 19 mètres et atteignent, avec leur piédestal, un poids de plus de 1 306 000 kilogr., et les quatre statues, également assises et de 61 pieds de hauteur (20 mètres), qui décorent la façade du grand temple d'Isamboul.

Les Égyptiens ont employé presque exclusivement la pierre, bien qu'ils connussent déjà l'art de fondre le bronze et de le travailler ; on en a retrouvé du reste plusieurs spécimens.

Les Grecs élevèrent aussi beaucoup de statues à leurs divinités : elles étaient le plus souvent en bronze, ou recouvertes avec des plaques d'or et d'ivoire. Leurs sculpteurs les plus célèbres adoptèrent le genre colossal et ne dédaignèrent pas de joindre la splendeur matérielle, tenant à la grandeur des lignes, à l'impression artistique et idéale venant de la beauté de la forme et de l'harmonie des proportions. La Minerve de Phidias avait 37 pieds (12 mètres). En réalité, c'était une statue en bois, soutenue intérieurement par une armature en fer, recouverte de lames d'or repoussées au marteau et ciselées, et de plaques d'ivoire finement sculptées. L'assemblage en était fait avec tant d'exactitude, qu'il était impossible d'apercevoir les joints. Quand la statue était placée dans un lieu très sec, on entretenait l'humidité nécessaire à sa conservation en répandant de l'eau autour du piédestal. Dans le voisinage des marais, on combattait, au contraire, l'influence des exhalaisons humides en la frottant avec de l'huile.

Le célèbre Jupiter d'Olympie, du même sculpteur, était également en or et en ivoire. Le dieu était représenté assis et avait 40 pieds de hauteur (13 mètres).

Phidias a fait aussi plusieurs autres Minerves colossales, dont une, l'Athénè de Promachos, était tout entière en bronze et avait une hauteur de 50 à 60 pieds (17 à 20 mètres).

Le fameux colosse de Rhodes, œuvre de Charès de Linde, fut élevé, 300 ans avant J.-C., en l'honneur d'Apollon. On n'a que des données très vagues sur cette statue qui pouvait avoir 40 à 43 mètres de hauteur; certains auteurs ne lui en attribuent même qu'une trentaine. Elle était en bronze, devait peser 1 500 quintaux et avait coûté 300 talents (1 650 000 francs). Pour assurer sa stabilité, on l'avait remplie de grosses pierres. Elle n'en fut pas moins renversée, une cinquantaine d'années après, par un tremblement de terre. Il paraît difficile d'admettre qu'elle fut placée à l'entrée du port, un pied sur chaque bord du chenal. L'écartement de ses jambes, calculé d'après sa hauteur, ne pouvait pas être suffisant pour laisser passer des navires. En outre, elle eût été précipitée dans les flots; tandis qu'elle demeura plusieurs siècles étendue sur le sol et ne fut détruite, dit-on, par les Arabes, que 672 ans après J.-C.

Rome, surtout sous l'empire, éleva beaucoup de statues colossales en bronze, représentant le plus souvent des Césars déifiés même de leur vivant. Celle de Néron, par Zénodore, avait une hauteur de 110 pieds (35^m65). Pline admirait l'agencement de toutes les petites pièces qui formaient le squelette de cet ouvrage.

Au Japon, on remarque une statue en airain du grand Bouddha, représenté assis, qui a 50 pieds de hauteur (16^m50). Dans l'Inde et dans la Chine, la plupart des idoles géantes sont en maçonnerie illuminée ou en bois grossièrement sculpté.

Le bois, du reste, sauf certains cas particuliers, comme le cheval de Troie, n'a pu guère être employé, en statuaire colossale, que dans l'intérieur des temples.

Au moyen âge, il y eut les Saint-Christophe, qu'on érigea à l'entrée de beaucoup d'églises, et les grandes statues de Roland.

Les modernes n'ont généralement exécuté de statues colossales que lorsque l'éloignement du point de vue rendait nécessaire l'agrandissement des proportions. Plusieurs artistes célèbres ont cependant senti souvent le besoin de joindre la grandeur matérielle à celle de l'expression; au premier rang brille Michel-Ange. Nous ne citerons de lui que son David en marbre, haut de plus de 5 mètres, sa statue en bronze de Jules II, trois fois plus grande que nature, et surtout son Moïse, le chef-d'œuvre de la sculpture moderne.

A la villa Pratolino, près de Florence, on admire l'Apennin en pierre, sculpté par Jean de Bologne, qui représente un Jupiter Pluvieux, d'une taille de 21 mètres.

Presque toutes les statues colossales les plus récentes ont été coulées en bronze. Nous citerons :

La statue équestre de Pierre le Grand, par Falconet (1766), à Saint-Pétersbourg. La figure du tzar a 3ᵐ66 et le cheval 5ᵐ60 de hauteur. Le groupe entier pèse 18 000 kilogrammes.

La Bavaria, près de Munich, inaugurée en 1850. Cette statue a 15ᵐ80 de hauteur et pèse 1 560 quintaux. Le modèle définitif en plâtre fut divisé en 15 morceaux pour le coulage du bronze. et cette opération demanda environ six années.

La Vierge du Puy, œuvre du sculpteur Bonassieux, inaugurée en 1860. Sa hauteur est de 16 mètres et son poids de 100 000 kilogr. Le moulage en plâtre fut divisé en plusieurs fragments pour l'opération de la fonte qui se fit dans l'usine de M. Prenat, à Gisors, avec des canons provenant de la guerre de Crimée. Les différentes pièces moulées furent ajustées et terminées au burin, puis démontées et transportées au Puy, où la statue a été érigée sur le rocher Corneille qui domine de 132 mètres la ville.

Enfin la statue colossale d'Arminius, inaugurée en 1875, sur le sommet de la Grotenburg, près de Detmold, en Westphalie. Sa hauteur est d'une vingtaine de mètres, non comprise l'épée qui en mesure près de huit. Elle pèse 237 quintaux.

L'exemple le plus remarquable de l'emploi du repoussé dans la statuaire colossale est certainement le Saint-Charles Borromée, œuvre du sculpteur Cérani, qui fut élevé en 1697, près d'Arona, sur les bords du lac Majeur. Par sa construction, ce monument se rapproche beaucoup de celui de Bartholdi; aussi mérite-t-il une mention particulière. Sa hauteur est de 23ᵐ40, et de 35ᵐ10 avec le piédestal. La longueur du bras est de 9ᵐ10, celle du nez, 0ᵐ85, et celle de l'index, 1ᵐ95. La statue est formée d'une enveloppe en cuivre repoussé, supportée, au moyen de crampons et d'armatures en fer, par un massif intérieur en maçonnerie qui est presque tangent à cette enveloppe et qui monte jusqu'au cou.

Les feuilles de cuivre n'ont que 1ᵐ/ₘ5 d'épaisseur; elles n'ont pas dû être martelées sur des gabarits, mais directement à la main. Ces plaques sont assez mal jointes par de gros rivets espacés entre eux de 40 millimètres; l'ajustage en est très grossièrement fait. Elles sont reliées directement à la maçonnerie au moyen de pitons et de crochets en fer. Pour augmenter la rigidité de l'enveloppe, on y a appliqué intérieurement des armatures en fer plat de $\frac{65^{m/m}}{5^{m/m}}$, qui se croisent verticalement et horizontalement à environ 1 mètre de distance. Ces fers passent l'un sur l'autre sans attache aucune; d'ici et de là, seulement, un gros rivet en cuivre les relie à l'enveloppe.

Le bras droit, qui est dans une position presque horizontale, est supporté par une grande poutre en chêne de 0^{m}35 à 0^{m}40 d'équarrissage, scellée dans la colonne en maçonnerie. Cette poutre est armée de fers méplats, comme une vergue de navire, et est soutenue par des tirants scellés dans la pierre; tous les assemblages sont à clavette et des plus grossiers. Le bois en est aujourd'hui complètement pourri, et il ne reste que l'armature; on aurait besoin de la remplacer par une poutre en fer.

La main gauche, qui tient un livre, est supportée par trois tirants en fer rond de 20 millimètres, suspendus à une potence en fer qui est elle-même scellée dans la maçonnerie, comme le montre la figure 3.

On entre dans la statue par une ouverture cachée sous un pli de l'aube et à laquelle on arrive par des échelles. A l'intérieur, l'ascension est assez pénible : il faut grim-

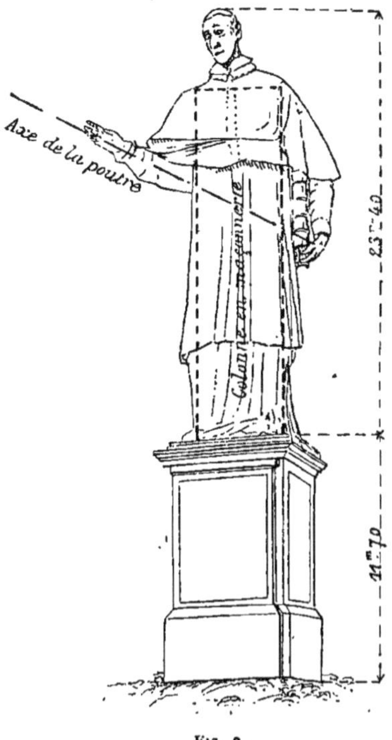

Fig. 2.

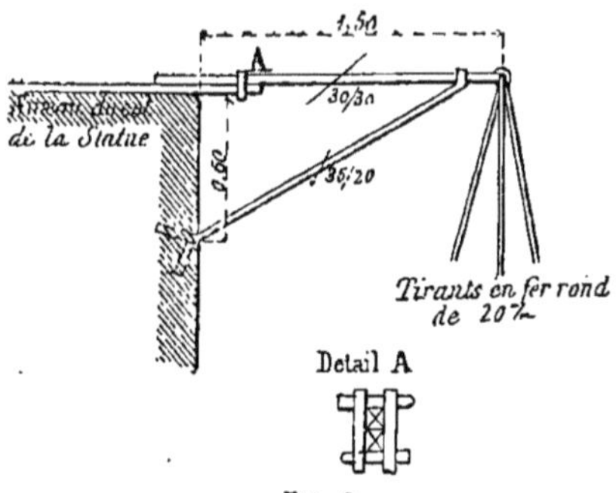

Fig. 3.

per dans une espèce de cheminée, en s'aidant des crampons en
fer qui relient l'enveloppe à la maçonnerie.

On a imprimé souvent à tort que la tête et les mains étaient en
bronze fondu; la statue tout entière est en cuivre martelé.

En fait d'autres statues construites récemment en cuivre repoussé,
nous n'avons guère à citer que celle érigée à Alise-Sainte-Reine
en l'honneur de Vercingétorix, l'héroïque défenseur des Gaules.
Sa hauteur est de 7 mètres, et c'est sur les conseils de Viollet-Leduc
que le sculpteur Millet décida son exécution en cuivre. Elle fut
construite en 1865 par MM. Monduit et Béchet, les prédécesseurs
de MM. Gaget, Gauthier et Cie.

Statue de la Liberté. — C'est dans un voyage aux États-Unis, en
1871, que M. Bartholdi conçut la première pensée d'élever une statue de la Liberté sur la rade de New-York, en face de l'Océan et
regardant la France, pour consacrer le grand souvenir de la part
glorieuse que notre pays a prise à la guerre de l'Indépendance et à
la fondation de la République américaine. Pour réaliser son projet,
l'artiste n'avait d'autre force que la foi en son œuvre, d'autre appui
que son patriotisme; mais il sut faire partager aux autres sa con-
fiance, et l'Union franco-américaine se constitua bientôt pour l'exécution de ce grand monument historique.

Le centième anniversaire de l'indépendance de l'Amérique fournit du reste l'occasion d'associer deux grandes nations dans une
manifestation commune : la France offrit la statue, les États-Unis
son piédestal.

M. Bartholdi se mit à l'œuvre et traduisit sa pensée dans un
projet digne de son but et qui a réuni tous les suffrages. Il voulut
faire grand, plus grand que tous les géants que l'homme avait encore
construits, et son œuvre dépasse en effet le maximum des proportions que la tradition attribue au colosse de Rhodes.

Conçue par le sculpteur dans un premier élan artistique, cette
statue devait présenter des difficultés considérables dans les moyens
d'exécution et exiger des travaux d'un ordre absolument particulier.

Sa construction fut décidée en cuivre repoussé, supporté par une
armature en fer. Le repoussé permet en effet de produire des pièces
d'une grande dimension en leur donnant le moins de poids possible
relativement à leur volume; il emploie des feuilles laminées qui ont
le double avantage de la solidité et de la légèreté, avec des qualités
de résistance et de durée supérieures à celles que peut avoir le
même métal simplement fondu.

En outre, pour construire en bronze une statue de grandes dimensions, il est nécessaire de la couler en plusieurs morceaux, d'où
résultent de nombreux raccords qui sont souvent assez imparfaits
à cause du retrait. La Vierge du Puy n'a que 16 mètres de hauteur
et il y est entré 100 000 kilogrammes de bronze. La statue de la

Liberté a 46 mètres; quel poids énorme de ce métal aurait-il fallu y consacrer ?

Le cuivre repoussé présentait donc de grands avantages, tant au point de vue de l'économie d'argent que de la facilité d'exécution. Son travail est en outre beaucoup plus original et plus artistique, puisqu'il se fait entièrement à la main.

M. Bartholdi avait du reste l'exemple du saint Charles Borromée, de Cérani, et celui du Vercingétorix, de Millet. Il s'adressa à MM. Gaget, Gauthier et Cⁱᵉ, dans les ateliers desquels avait été construite cette dernière statue.

C'est dans ce grand établissement qu'ont été exécutés, également en cuivre repoussé, la coupole extérieure de la salle du nouvel Opéra de Paris et celles des pavillons latéraux, le grand bas-relief du sculpteur Mercié, qui est au-dessus du guichet du Carrousel, au Louvre, les statues qui ornent la flèche dé Notre-Dame et celle de la Sainte-Chapelle, la Renommée qui domine le pavillon central du Trocadéro, etc.

Le premier morceau construit fut le bras qui porte le flambeau ; on l'envoya à l'Exposition de Philadelphie en 1876. On travailla ensuite à la tête, qui figura à l'Exposition universelle de 1878.

Les résultats obtenus étaient excellents, et l'on pouvait dès lors marcher hardiment. Nous allons exposer la méthode suivie dans l'exécution de ce travail gigantesque.

Construction. — Quand le modèle esquisse fut arrêté, M. Bartholdi exécuta une figure d'étude, mesurant 2^m 11 de hauteur, du talon au sommet de la tête. C'est le modèle au $1/16$.

Ce modèle fut grandi quatre fois, pour l'opération de la mise au point. On obtint ainsi le modèle au $1/4$, mesurant 8^m 50, qui permit une nouvelle étude que l'œil pouvait encore embrasser.

Pour arriver à la dimension définitive, on employa la méthode de copie *par carreaux.* Voici comment on opère:

Le modèle au $1/4$, après avoir été revu et remodelé par l'artiste, a été divisé par sections. Sur un socle carré quatre fois plus grand que celui sur lequel repose ce modèle, on reporte très exactement tous les *aplombs verticaux* de la statue, repérés au fil à plomb. On a ainsi, en quelque sorte, un solide hypothétique, constitué par l'ensemble des lignes verticales repérées, et à l'intérieur duquel se trouve la statue, ou une portion de la statue, à échelle agrandie. Il est dès lors possible de déterminer les points principaux du modelé, par rapport à ces lignes verticales, en pratiquant, par la pensée, de distance en distance, des sections horizontales dans la statue au $1/4$.

C'est, en très grand, le procédé usité pour reproduire le relief d'une montagne, d'après les courbes de nivellement tracées sur un plan.

Ces sections sont reproduites, avec des soins mathématiques, quatre fois plus grandes. Sur les socles carrés, divisés et numérotés, qui correspondent à chacune d'elles, les sculpteurs exécutent en plâtre les modèles de la grandeur définitive. Ils opèrent le grandissement par des mesures prises au compas sur les fils à plomb et les règles. Les points principaux étant déterminés dans les sections horizontales, ils les joignent entre eux par une carcasse en charpente et en lattis. Ils couvrent d'un enduit de plâtre la forme générale en bois ainsi ébauchée, vérifient les mesures établies, opèrent ensuite la mise au point détaillée et terminent le modelé des surfaces.

Très simple comme théorie, cette méthode demande, dans l'exécution, une habileté consommée de la part des praticiens. Chaque tête de clou ou point marqué nécessite six mesures, trois sur le modèle, trois pour le grandissement, sans compter les mesures de vérification. Les assises définitives ont en moyenne 3^{m}40 de hauteur, et dans chaque assise il y a environ 300 grands points et plus de 1 200 points secondaires ; ce qui représente un travail d'environ 9 000 mesures à établir par assise.

Ce modelage en plâtre à grandeur d'exécution étant terminé, il s'agit d'en prendre une empreinte résistante, en bois, sur laquelle on puisse repousser au marteau les feuilles de cuivre qui constitueront la statue.

C'est un travail de menuiserie très compliqué, présentant des difficultés analogues à celles que l'on rencontre dans l'étude des moules de fonderie. Comme ceux-ci, les gabarits doivent être constitués de telle sorte qu'on puisse facilement les détacher du modèle. Il faut aussi pouvoir ensuite faire la *dépouille*, c'est-à-dire en retirer les feuilles de cuivre qu'on y aura embouties.

Suivant les lignes les moins tourmentées du modèle, généralement celles en relief, comme les croupes d'un massif montagneux, on pose sur champ des planches A A convenablement découpées, qu'on relie entre elles par des planches transversales B B. Les intervalles sont remplis par des planchettes cc, plus ou moins rapprochées, suivant que la partie à reproduire est plus ou moins fouillée. Toutes ces pièces, qui doivent épouser exactement la forme du plâtre, constituent un moule rigide, dont l'aspect rappelle assez bien celui des courbes de niveau et des hachures des cartes de l'État-major.

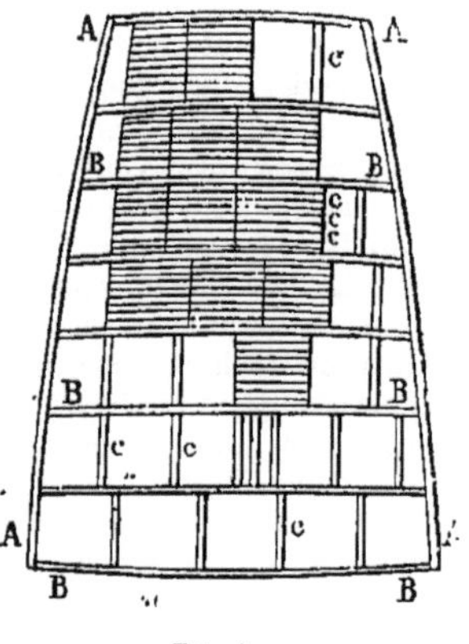

FIG. 4

Ces gabarits sont plus ou moins grands, suivant les difficultés du travail. On en réunit ensuite sou-

Fig. 5. — Carcasse en bois et modelage en plâtre de la main gauche de la statue.

Fig. 6. — Estampage d'une feuille de cuivre dans un gabarit.

vent plusieurs entre eux pour l'ajustage des feuilles de cuivre.
Celles-ci ont en moyenne une surface de 1 à 3 mètres carrés ; on ne
peut guère s'en procurer de plus de 1ᵐ40 de largeur. Les ouvriers
marteleurs les impriment dans les moules par pression au levier ou
battage au maillet. Ils terminent par un battage au petit marteau et au
refouloir, en vérifiant avec soin tout le travail au moyen de gabarits en fil de fer ou de lames de plomb imprimées sur le modèle.

Lorsqu'il y a des pièces de forme compliquée ou
des soudures à faire, on passe les cuivres au feu de
forge et on les brase au chalumeau.

De distance en distance, les pièces de cuivre sont
garnies de ferrures destinées à leur donner de la
rigidité. Ces ferrures sont forgées d'après la forme du
cuivre, quand celui-ci est complètement modelé dans
son galbe ; mais on ne les y fixe définitivement qu'en
montant la statue.

Assemblage des segments en cuivre. — L'enveloppe
en cuivre, martelée comme nous venons de le dire,
se compose d'environ 300 pièces pesant ensemble
80 000 kilogrammes. Elle est portée par une armature en fer, d'un poids de 120 000 kilogrammes, que
nous étudierons plus loin. Pour le montage dans
les ateliers de MM. Gaget, Gauthier et Cⁱᵉ, les feuilles
de cuivre sont simplement assemblées au moyen
de quelques vis. Sur place, dans le montage définitif en Amérique, elles seront réunies au moyen de
rivets en cuivre aplatis et invisibles sur la face extérieure de la statue. Les rivets ont 0ᵐ005 d'épaisseur et sont distants entre eux de 0ᵐ025. Comme
les pièces seront juxtaposées en biseau (figure ci-
contre), il sera complètement impossible de distinguer
les assemblages, même à une faible distance, et la
statue paraîtra avoir été construite d'un seul morceau.

Conditions spéciales d'installation. — La charpente
en fer, qui sert de point d'appui à toute l'enveloppe
en cuivre, forme une sorte de grand pylône ayant
quatre points d'attache sur la base en maçonnerie
qui supporte la statue. Chacun de ces points, en forme
de patin, sera maintenu par trois boulons de fondation, de 0ᵐ140 de diamètre, scellés à 15 mètres de
profondeur (fig. 8 à 14, planche I).

L'enveloppe est reliée au pylône par l'intermédiaire des armatures en fers plats, de 50 millimètres de largeur sur 8 millimètres d'é-
paisseur, qui sont placées sur la surface intérieure du cuivre pour en
empêcher les déformations. Ces armatures sont réunies entre elles
par des boulons, à leurs points d'intersection, et constituent un véritable treillis reposant directement sur la charpente.

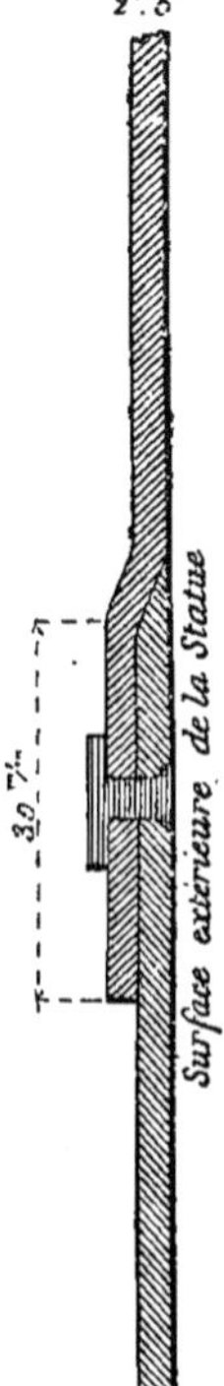

Fig. 7.

Deux difficultés spéciales étaient à prévoir et à éviter dans cette partie du travail :

En premier lieu, la *dilatation*. Elle se produira d'une façon puissante et inévitable ; mais son action sera sans inconvénient, en raison même de l'extrême élasticité de l'enveloppe et des *soufflets de dilatation* nombreux que fournit le plissé des draperies.

En outre, pour que chaque métal puisse se dilater librement, les armatures en fer, au lieu d'être rivées sur la statue, sont simplement maintenues dans des gaînes en cuivre rivées elles-mêmes sur l'enveloppe.

En second lieu, l'*action électrique*, dont l'effet était plus à redouter. Le vent de mer, qui entraîne toujours mécaniquement, indépendamment des embruns, de fortes proportions d'eau salée à l'état vésiculaire, est un agent des plus actifs pour déterminer le départ d'un élément fer-cuivre tel que celui résultant de la construction de la statue. C'est ce qui se produirait d'ailleurs aussi en présence des eaux de pluie d'orage chargées de nitrates. On peut juger aisément de l'intensité des courants qui prendraient naissance dans un élément de pile de cette puissance inconnue.

Pour y obvier, les constructeurs interposeront, lors du montage définitif, entre les feuilles de cuivre et les armatures en fer, de petites plaques de cuivre garnies de chiffons convenablement enduits de minium. Ce procédé est du reste employé avec succès par la marine pour le doublage des navires ([1]).

Dimensions et installation de la statue. — Jamais la statuaire colossale n'avait encore atteint de semblables proportions.

De la base au sommet du flambeau, l'œuvre de Bartholdi mesure 46 mètres, c'est-à-dire 2 mètres de plus que la colonne Vendôme, et 34 mètres du talon au sommet de la tête.

L'index a 2^m45 de longueur et 1^m44 de circonférence à la seconde phalange. L'ongle a 0^m33 sur 0^m26. La tête a 4^m40 de hauteur, l'œil 0^m65 de largeur, le nez 1^m12 de longueur.

Du sommet de la tête partent 5 rayons, constitués chacun par une sorte de caisson en cuivre doré. Le plus grand a près de 3^m50 de longueur et pèse 74 kilogrammes.

Un grand nombre de personnes ont été réunies dans la tête à l'Exposition universelle de 1878. Tout récemment, un déjeuner de 26 couverts a eu lieu dans une section à mi-corps de la statue, et le service s'y est fait avec la plus grande facilité.

([1]) Il ne faudrait cependant pas attacher à ces difficultés une trop grande importance. Aucune de ces précautions n'avait été prise pour la statue de saint Charles Borromée, et elle a très bien résisté, quoique datant de près de deux siècles et construite en cuivre de $4^m/_m$ 5 seulement d'épaisseur.

Au théâtre de Monte-Carlo, qui est situé tout près de la mer, la coupole est en cuivre assemblé directement avec du fer. Il est construit depuis cinq ans et aucun de ces phénomènes ne s'y est encore produit. L'intensité des courants se développerait évidemment avec beaucoup plus d'énergie si, comme pour les navires, es éléments plongeaient directement dans l'eau de mer.

A l'intérieur de la charpente du bras seront disposés des échelons qui permettront de monter jusque dans le flambeau, au-dessus de la main ; une quinzaine de personnes pourront y tenir à l'aise.

Ainsi que nous l'avons mentionné plus haut, le poids total sera environ de 200 000 kilogrammes, dont 80 000 de cuivre et 120 000 de fer.

La statue sera démontée en plus de 300 pièces, pour être transportée aux États-Unis, et elle sera remontée par morceaux sur son soubassement. Quelques journaux techniques américains ont supposé à tort qu'on la souièverait d'une seule pièce à l'aide de vérins. Ce mode de procéder serait en effet le seul possible si elle était en fonte ou en pierre d'un seul morceau. Mais ici, où l'on dispose de pièces très légères, faciles à monter et à manier, il n'aurait aucune raison d'être et son emploi ne ferait qu'augmenter considérablement les difficultés d'amarrage de la statue sur son socle, en raison du dévers à craindre pendant la fixation.

Placée sur un piédestal, en maçonnerie de granit, de 25 mètres d'élévation, qui s'exécute au moyen d'une souscription des États-Unis, la statue de la Liberté constituera un pharè d'une puissance exceptionnelle. Du diadème qui ceint la tête seront projetés à distance de puissants feux électriques. La terrasse du flambeau sera réservée aux guetteurs. Quant au soubassement, ce sera un véritable monument, assez vaste pour loger un nombreux personnel.

Quel sera le prix de revient de cet immense travail? C'est ce qu'il serait encore, croyons-nous, bien difficile de préciser. Rendue à New-York, l'œuvre de l'union Franco-Américaine représentera probablement une dépense de plus d'un million. Sur ce chiffre très approximatif, on peut compter 500 000 francs pour l'exécution de la partie métallique.

Les Américains estiment que le piédestal en maçonnerie et l'érection de la statue atteindront au moins le même chiffre que la dépense faite en France. D'après ces données encore assez vagues, le monument reviendrait à environ deux millions de francs.

Les plus forts souscripteurs en seront certainement le courageux artiste qui y consacre généreusement son temps, son travail et sa peine, et les habiles constructeurs qui n'ont pas craint d'affronter l'aléa d'une œuvre aussi considérable et aussi nouvelle à tous les points de vue.

Calcul de la charpente en fer. — La charpente en fer de la statue doit pouvoir résister à deux sortes d'efforts : 1° la charge proprement dite et ses composantes ; 2° les efforts horizontaux exercés par le vent.

C'est le cas particulier du problème des phares métalliques, résolu par M. Eiffel (¹) dans des conditions de difficulté toutes spéciales,

---

(1) Les calculs qui suivent sont un remarquable exemple des grandes ressources que présentent pour les Ingénieurs et les Constructeurs les nouvelles méthodes de « statique graphique » aujourd'hui entrées dans la pratique.

en raison de l'irrégularité de forme de la construction. Le fer, grâce à son élasticité, à son insensibilité relative au froid et à son aptitude à résister également bien à l'extension et à la compression, est généralement adopté maintenant pour ce genre de constructions. Une construction en fer bien combinée, formant un tout unique et homogène, peut, en effet, comme nous le montrons ci-après, être soumise aux déterminations du calcul dans un cas quelconque, en sorte qu'il ne reste aucun imprévu dans les effets que pourra produire sur elle l'ouragan le plus violent. Le fer est même incontestablement supérieur, dans ce cas, à la fonte, qui est beaucoup plus lourde, sans flexibilité et d'un montage toujours difficile.

La charpente de la statue a été constituée *comme une pile*, c'est-à-dire qu'elle se compose de quatre arbalétriers, formant quatre faces dans lesquelles sont disposés des entretoises et un treillis en croix de Saint-André (planche II).

Dans le prolongement des arbalétriers se trouvent des tirants à amarrage qui descendent dans la maçonnerie et qui viennent se fixer à des sommiers constitués par des poutres (fig. 8 à 14, planche I). La longueur des tirants et les dimensions des sommiers sont déterminées de manière à intéresser un cube de maçonnerie assez grand pour empêcher le renversement.

Le calcul de la charpente comprend :

1° Le calcul des arbalétriers ;

2° Le calcul des treillis ;

3° Le calcul des amarrages.

Nous examinerons, dans un paragraphe spécial, le calcul du bras qui soutient le flambeau et qui est placé en porte-à-faux sur l'ensemble à la partie supérieure.

Données générales. — Poids de la charpente . . . . 120 000 kil.
Enveloppe (environ) . . . . 80 000 —

Charge totale . . . . 200 000 kil.

L'écartement des arbalétriers à la base est de 3^{m}80 sur la face de la statue et de 4^{m}90 sur les faces latérales.

L'effort *maximum* du vent, généralement adopté dans les calculs des viaducs, est de 270 kilogr. par mètre carré de surface présentée au vent; c'est cette valeur qui a été adoptée également dans ce cas.

1° *Calcul des arbalétriers.* — L'effort provenant des charges sur un arbalétrier est de $\dfrac{200\,000}{4} = 50\,000$ kilogr.

En ce qui concerne les efforts du vent, il y a trois cas à considérer :

a) Le vent agit sur la face ;

b) Le vent agit sur le côté :

c) Le vent agit en biais.

a) C'est le cas dans lequel la surface présentée au vent, par la statue, est la plus grande.

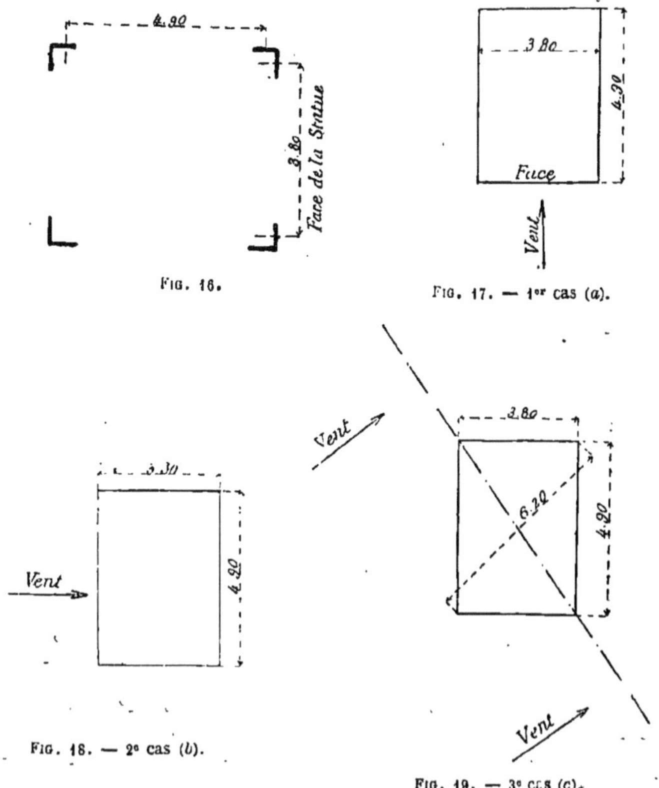

Fig. 16.

Fig. 17. — 1er cas (*a*).

Fig. 18. — 2e cas (*b*).

Fig. 19. — 3e cas (*c*).

L'effort du vent se détermine par la considération des *moments de flexion* obtenus en multipliant les efforts par leur distance au point que l'on considère et en faisant la somme de ces produits. Assez longues lorsqu'on les fait analytiquement, ces opérations sont très rapides lorsque l'on a recours à la méthode graphique. C'est ce qui a été fait dans le cas présent.

À cet effet, on a déterminé sur une épure (fig. 20, planche 1) la projection de la statue à l'échelle de $0^m01 \left(\dfrac{1}{100}\right)$, et on a divisé la surface ainsi obtenue en 21 éléments dont les surfaces ont été mesurées exactement. En multipliant la valeur de ces surfaces par 270 (coefficient de pression du vent), on obtient la valeur des efforts agissant sur chacun de ces éléments. Le tableau suivant résume ces calculs :

Nᵒˢ des éléments	Surface (mètres carrés)	Effort du vent (kilogr.)
1.	4,10	1 107
2.	3,15	850
3.	3,10	837
4.	3,40	918
5.	6,15	1 661
6.	13,20	3 564
7.	15,20	4 104
8.	15,20	4 104
9.	18,80	5 076
10.	24,00	6 480
11.	24,60	6 642
12.	20,40	5 508
13.	19,00	5 130
14.	18,40	4 968
15.	18,60	5 022
16.	18,40	4 968
17.	18,20	4 914
18.	18,00	4 860
19.	18,10	4 887
20.	21,00	5 670
21.	21,80	5 886
Totaux.	322,80	87 156

Ce tableau permet de construire immédiatement : 1° le polygone des forces ; 2° la courbe des moments fléchissants.

Le moment fléchissant maximum à la base est, dans ce premier cas (a) :

$$M_a = 1\ 480\ 000$$

En divisant ce moment par l'écartement correspondant des arbalétriers, à la base, qui est de $4^m 90$, nous obtenons l'effort $2\,P_a$ dans deux arbalétriers :

$$2\,P_a = \frac{1\ 480\ 000}{4,90} = 300\ 000 \text{ kilogr.}$$

et l'effort P_a dans un arbalétrier :

$$P_a = \frac{300\ 000}{2} = 150\ 000 \text{ kilogr.}$$

b) Dans ce deuxième cas, le vent rencontre la statue sur le côté : la surface touchée de la statue et par suite aussi le moment fléchissant M_b à la base sont environ les $^2/_3$ des valeurs trouvées dans le premier cas; on aura donc :

Moment fléchissant maximum : $M_b = \dfrac{1\,480\,000 \times 2}{3} = 980\,000$ kil.

Effort dans un arbalétrier : $P_b = \dfrac{980\,000}{2 \times 3,8} = 130\,000$ kilogr.

c) Le vent frappe obliquement la surface exposée, qui peut être considérée comme égale aux $^5/_6$ de celle de face. On a donc :

Moment fléchissant maximum :

$$M_c = \frac{1\,480\,000 \times 5}{6} = 1\,233\,000 \text{ kilogr.}$$

Effort dans un arbalétrier : $P_c = \dfrac{1\,233\,000}{6,2} = 200\,000$ kilogr.

C'est dans ce cas que l'effort est maximum dans un arbalétrier.

Il faut remarquer que, dans la face opposée au vent, les efforts dus aux charges et au vent s'ajoutent, tandis que, dans celle directement frappée par le vent, elles se retranchent l'une de l'autre.

L'effort de compression maximum dans un arbalétrier s'obtient en additionnant les efforts maxima trouvés précédemment pour les charges et le vent. Sa valeur est :

$$T_c = 200\,000^k + 50\,000^k = 250\,000 \text{ kilogr.}$$

L'effort de traction maximum a pour valeur la différence des mêmes quantités :

$$T'_c = 200\,000^k - 50\,000^k = 150\,000 \text{ kilogr.}$$

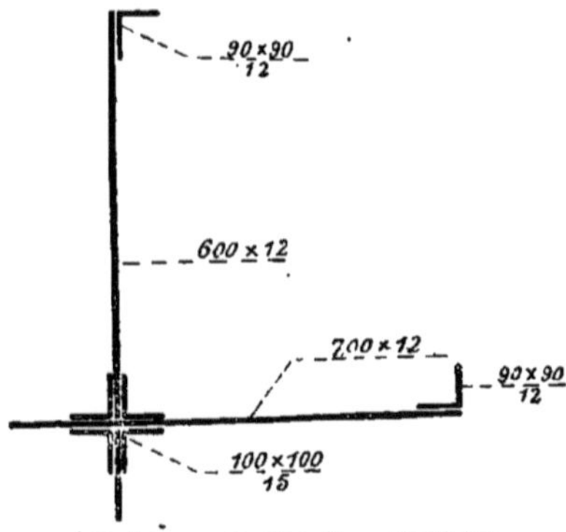

Fig. 21. — Section d'un arbalétrier.

La section des arbalétriers est constante sur toute la hauteur ;
elle est composée comme suit :

$$
\begin{array}{lr}
\text{1 âme } 700 \times 12 \ldots \ldots \ldots \ldots & 8\,400 \ ^{m/m^2} \\
\text{1 âme } 600 \times 12 \ldots \ldots \ldots \ldots & 7\,200 \\
\text{4 cornières } 100 \times 100 \times 15 \ldots \ldots & 11.100 \\
\text{2 cornières } 90 \times 90 \times 12 \ldots \ldots & 4\,032 \\
\hline
\text{Surface de section totale} \ldots \ldots & 30\,732 \ ^{m/m^2}
\end{array}
$$

Les coefficients de travail maximum seront :

à la compression :

$$R = \frac{250\,000}{30\,732} = 8^k,1 \text{ par } ^m/_m{}^2$$

à la tension :

$$R = \frac{150\,000}{30\,732} = 4^k,8.$$

Calcul du treillis. — Les barres du treillis ont à résister aux
efforts tranchants ; elles ont la même composition dans les quatre
faces ; les efforts maxima seront donc donnés pour le cas où le
vent frappe la statue de face. Voici comment on les détermine :

On trace sur l'épure la courbe des efforts tranchants obtenue en
additionnant, pour chaque point, toutes les forces qui agissent au-dessus de ce point. On projette ensuite ces efforts suivant la direction
des barres et on obtient une seconde courbe donnant les efforts dans
les barres. Enfin, en portant les efforts auxquels les barres sont à
même de résister en travaillant à 6 kilogr., on obtient la *ligne en
escalier* de l'épure, limitative des efforts.

L'épure montre qu'en tout point la section des barres du treillis
est suffisante.

Le tableau suivant en résume le calcul :

NUMÉROS des BARRES	EFFORT TOTAL	EFFORT par BARRE	SECTION DES BARRES en millimètres carrés	COEFFICIENT par millimètre carré
	kilogr.	kilogr.		kil.
1	114 000	28 500	5 208	5,47
2	98 500	24 625	4 512	5,50
3	75 000	18 750	4 032	4,65

Calcul des amarrages. — Les tirants d'amarrage de la charpente
dans la maçonnerie auront à résister à un effort de traction égal à
celui qui se développe à la partie inférieure d'un arbalétrier, soit :
150 000 kilogr.

Chaque arbalétrier est amarré par trois tirants de 120 millimètres
de diamètre et de 11 310 millimètres de section.

Le coefficient de travail de ces tirants sera donc :

$$R = \frac{150\,000}{3 \times 11\,310} = 4^k,4 \text{ par millimètre carré.}$$

Le cube de maçonnerie, qui devra être intéressé par les tirants de chaque arbalétrier, sera, en comptant la maçonnerie à 2500 kilogr. le mètre cube, de :

$$\frac{150\,000}{2\,500} = 60 \text{ mètres cubes.}$$

Calcul du bras de force droit. — Le calcul du bras de force en porte-à-faux est des plus délicats. Son ossature métallique se compóse de quatre montants, en ligne brisée, reliés entre eux par des traverses horizontales et par des diagonales en cornières (pl. II). Les traverses horizontales divisent l'ossature en tronçons dont les bases sont des rectangles ayant les côtés parallèles entre eux et parallèles aussi aux faces de la pile principale. Les faces extérieures de chaque tronçon ont la forme d'un trapèze dont l'une des diagonales est occupée par une barre de treillis. Cette ossature s'attache, sur la face droite de la pile principale, en six points des arbalétriers de cette face. Sa hauteur est de 18^m77, mesurés de l'attache inférieure jusqu'au plan supérieur. Elle peut avoir à supporter, comme le reste de la construction, deux genres d'efforts différents :

1° Le poids propre ;
2° L'effort du vent.

Le bras a été décomposé pour chacun des calculs en 12 éléments ; le centre de gravité de chacun d'eux, c'est-à-dire le point d'application de la force agissant sur ces éléments, a été supposé situé sur l'axe de l'ossature métallique (fig. 22, pl. I).

Le tableau suivant résume ce calcul, toujours dans l'hypothèse d'un effort du vent égal à 270 kilogr.

Numéros des éléments	Poids du cuivre	Poids des armatures	Poids de la pile intérieure	Surface offerte au vent	Pression du vent
	kilogr.	kilogr.	kilogr.	mèt. car.	kilogr.
0	620	300	750	6,50	1 735
1	200	100	200	2,11	570
2	140	70	200	1,44	390
3	140	80	200	1,44	390
4	130	65	200	1,35	365
5	140	70	220	1,45	390
6	160	80	220	1,62	438
7	170	85	220	1,80	486
8	180	90	300	1,90	512
9	220	100	350	2,30	620
10	230	110	400	2,40	650
11	270	120	600	2,80	750
12	290	140	700	3,00	810

La résultante des efforts extérieurs, à une section quelconque du bras, a pu être déterminée au moyen de deux polygones funiculaires, faciles à construire, dont chacun donne une coordonnée du point d'application de la résultante.

La répartition des efforts dans les différentes barres de l'ossature a été opérée en suivant une méthode graphique de décomposition des forces. Cette décomposition a été faite dans trois plans de projection, afin d'obtenir pour chaque barre trois composantes de la force agissant dans sa direction.

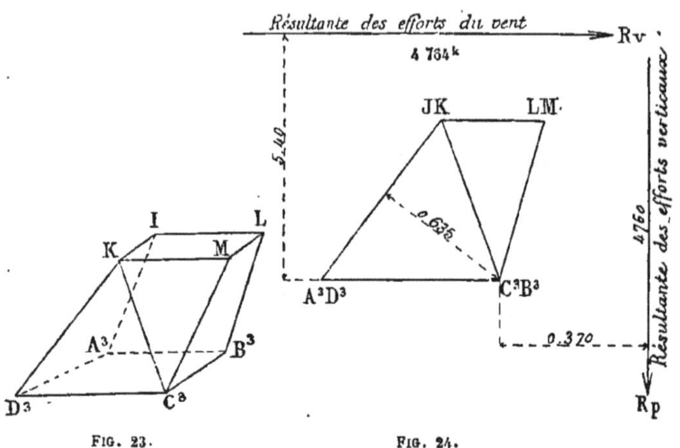

FIG. 23.   FIG. 24.

Il a suffi, pour assurer la stabilité de la construction, de chercher les efforts agissant :

1° Dans les six barres coupées par un plan rapproché du plan supérieur $A_3B_3C_3D_3$;

2° Dans les six barres coupées par un plan rapproché du plan $A_4B_4C_4D_4$ (plan inférieur) :

La détermination graphique des efforts a conduit à adopter les dimensions suivantes :

Les arbalétriers de l'ossature ont, entre les points d'attache sur la pile principale et le plan $A_2B_2C_2D_2$, une section formée par deux cornières de $100 \times 100 \times 15$ et une semelle de 100×10. La surface de cette section est de 6550 millimètres carrés.

Entre les plans $A_2B_2C_2D_2$ et $A_3B_3C_3D_3$, la section est formée par deux cornières de $100 \times 100 \times 15$; la surface est de 5550 millimètres carrés. Au-dessus du plan $A_3B_3C_3D_3$ jusqu'à l'élément 5, par deux cornières de $100 \times 100 \times 12$ dont la surface est de 4512 millimètres carrés. Depuis l'élément 5 jusqu'au sommet (plan $A_4B_4C_4D_4$),. par une cornière de $100 \times 100 \times 10$ dont la surface est de 2256 millimètres carrés.

Nous allons vérifier, par une méthode analytique, les dimensions de deux arbalétriers. A cet effet, nous supposerons le vent agissant parallèlement à la projection verticale du bras.

Considérons une section du bras entre l'élément 7 et l'élément 8, c'est-à-dire au-dessus du plan $A_3B_3C_3D_3$. La somme des charges permanentes des éléments de 0 à 7 est égale à 4760 kilogr.

La somme des efforts du vent agissant sur les mêmes éléments est de 4764 kilogr.

Déterminons l'effort dans l'arbalétrier D_3K. Pour cela, prenons les moments statiques des forces extérieures par rapport au point C_3 : le moment de la force X agissant dans D_3K devra être égal à la somme des autres moments.

On a donc :

$$X \times 0.635 = R_p \times 0{,}370 + R_v \times 5{,}40$$

Or, pour une face, on peut admettre :

$$R_p = \frac{1}{2} \times 4760 = 2380 \text{ kilogr.}$$

$$R_v = \frac{1}{2} \times 4764 = 2382 \text{ kilogr.}$$

D'où :

$$X = 21500$$

Cette force est dans le plan vertical et, pour l'avoir dans la direction de l'arbalétrier, nous la multiplierons par $\dfrac{10}{9}$, rapport de la longueur réelle de D_3K à la longueur de sa projection. La force agissant dans D_3K sera donc :

$$\frac{21500 \times 10}{9} = 24000$$

soit, par millimètre carré de la section admise :

$$R = \frac{24000}{4512} = 5^k3$$

Les décompositions graphiques, pour une direction de vent perpendiculaire à B_3D_3, ont donné pour les deux autres arbalétriers :
Dans A_3I un effort de 31090 kilogr.;
Dans C_3M un effort de 33470 kilogr.,
Ce qui donne pour ces deux arbalétriers, par millimètre carré de section :
Dans A_3I un effort $R = 6^k85$;
Dans C_3M un effort $R = 7^k40$.

Considérons maintenant une section du bras entre $A_1 B_1 C_1 D_1$ et $A_2 B_2 C_2 D_2$:

La force extérieure due au poids propre est de 8860 kilogr.;

L'effort du vent est de 8106 kilogr.;

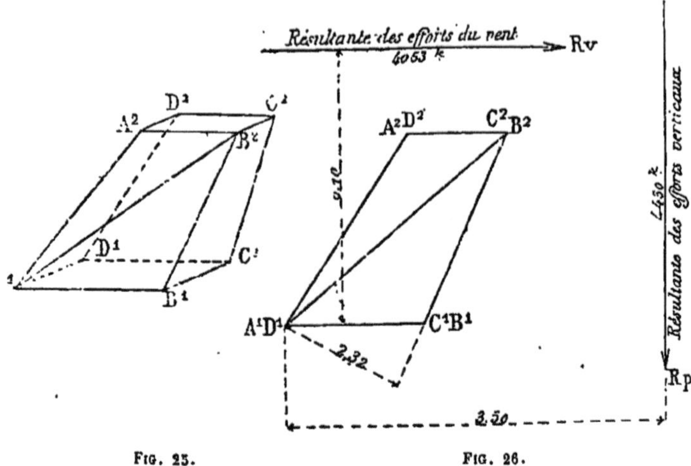

FIG. 25.   FIG. 26.

Nous déterminerons l'effort dans l'arbalétrier $B_1 B_2$, comme précédemment, en prenant les moments par rapport à A_1.

On a :

$$X \times 2{,}32 = R_p \times 3{,}50 + R_v \times 8{,}10.$$

En prenant :

$$R_p = 4\,430 \text{ kilogr.}$$
$$R_v = 4\,053 \text{ kilogr.}$$

nous trouvons :

Dans le plan vertical : $X = 21\,000$ kilogr.;

et dans la direction $B_1 B_2$:

$$21\,000 \times \frac{3{,}76}{2{,}75} = 29\,000 \text{ kilogr.,}$$

soit, pour le coefficient de travail :

$$R = \frac{29\,000}{6\,550} = 4^k 5$$

De l'examen qui précède il résulte que les sections des arbalétriers ne travaillent pas à un coefficient supérieur à 8 kilogr. D'ailleurs, dans les sections des barres horizontales et diagonales, le coefficient de travail n'atteint pas cette limite.

En résumé, cette charpente en fer peut être considérée comme établie dans les meilleures conditions de résistance et de stabilité.

Conclusion. — Ainsi que nous le disions en commençant cette étude, la statue de la Liberté est sur le point d'être achevée ; il ne reste guère plus à poser que la tête et le bras, qui ont été les premiers morceaux construits.

Les Américains comptent avoir terminé le piédestal dans le courant de l'année 1884 ; la statue pourra, du reste, être rendue à New-York dès le commencement de l'année. On l'y enverra directement, sans la remonter dans le parc de Montsouris, comme le bruit en avait couru. Les Parisiens le regretteront vivement ; mais c'eût été un travail trop coûteux et qui eût entraîné trop de retards et de difficultés.

Dans peu de mois nous aurons donc la satisfaction d'apprendre que le colosse de Bartholdi, cette œuvre si patriotique et si pleine de notre génie national, se dresse dans l'île de Bedloë, à l'entrée de la rade de New-York, et éclaire de ses rayons la mer qui sépare la France de l'Amérique. Mais, à cette satisfaction bien légitime, ne se mêlera-t-il pas le regret de ne plus posséder nous-mêmes un monument à tous les points de vue si remarquable ? Il serait à souhaiter que la Ville de Paris en fît exécuter un modèle réduit qui permette à notre pays de conserver au moins un souvenir matériel de ce grand travail.

Hauteur comparative des statues les plus colossales sans leurs piédestaux.

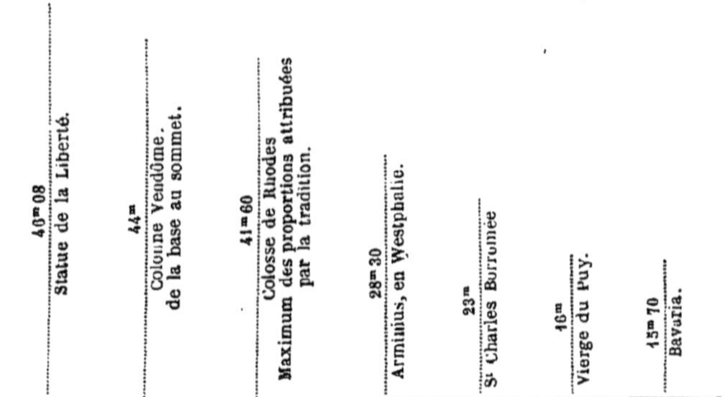

Échelle à 1 millimètre par mètre.

NOTE

SUR LE TRAVAIL AU REPOUSSÉ

DU BRONZE & DU CUIVRE

Les peuples de la plus haute antiquité surent fabriquer le bronze ; beaucoup de spécimens de cette industrie sont parvenus jusqu'à nous. Le travail du cuivre est même bien antérieur au travail du fer « à tel point, dit M. Lenormand, que *l'âge du bronze* représente dans l'histoire de la civilisation une longue période qui a précédé *l'âge du fer...* Aussitôt que les hommes ont su fondre le cuivre et en fabriquer des instruments, ils ont reconnu ses nombreuses imperfections à l'état pur et la nécessité de le rendre plus dur et plus résistant par un alliage, en un mot, ils se sont mis tout de suite à fabriquer du bronze... Les Égyptiens et les Babyloniens trouvaient le cuivre sur leur propre territoire ou dans des districts voisins. Pour l'étain, on ne le rencontrait qu'à de bien grandes distances ; on le tirait primitivement du Caucase, et c'était un des objets les plus importants du commerce phénicien. »

Dès les plus anciennes périodes de l'histoire, on trouve en Égypte des objets en métal qui indiquent une industrie pleinement maîtresse de ses procédés (¹). Parmi les statuettes de bronze exposées au Trocadéro en 1878, il y en avait plusieurs qui remontent à une époque où les autres nations en étaient encore à l'âge de la pierre. Le Bristish Museum, à Londres, possède un spécimen remarquable de l'art égyptien ; c'est une tête d'Osiris, où l'on retrouve encore le noyau de bois dans l'intérieur du métal.

Les Phéniciens étaient également très habiles dans le travail des métaux. Les inscriptions hiéroglyphiques les plus anciennes mentionnent les ouvrages de bronze provenant de leurs fabriques, et Homère célèbre la beauté des coupes ciselées par les ouvriers de Sidon.

Le mode le plus ancien de travailler le métal paraît avoir été l'emploi du marteau. La vieille Égypte et les Grecs connaissaient en

(¹) RENÉ MÉNARD. *Histoire artistique du métal.*

effet l'estampage, et les objets métalliques dont parle Homère ont
été obtenus par ce procédé ; il n'est même pas douteux que les statues colossales de l'antiquité n'aient été ainsi faites.

« Le moyen, dit M. Barbedienne [1], de faire sortir d'une feuille
ou planche de métal, à l'aide du martelage, un relief quelconque,
une figure, un ornement, semble remonter à l'origine même du
bronze. Tout nous porte à croire que les premières formes orne-
mentées obtenues par la percussion ont précédé celles sorties du
moule d'argile après la fusion du métal. Le mode de repousser le
bronze, l'or et l'argent était en grand honneur chez les peuples les
plus civilisés de l'antiquité. Les statues, les ornements précieux, les
boucliers, les bijoux, etc., étaient pour la plupart travaillés au marteau. »

Plus tard, la statue fut modelée en cire sur une âme durcie au
feu ; là-dessus on étendait une forme en argile, dans laquelle on
ménageait la place des tuyaux par lesquels devait couler le métal.

Les fondeurs savaient donner aux différentes parties d'une même
statue différentes nuances de couleurs. Ainsi, Plutarque mentionne
une Jocaste mourante dont la figure était d'une pâleur mortelle,
effet obtenu au moyen d'un mélange argentifère, et Pline parle d'un
Athamas rouge de honte, couleur provenant d'un mélange de fer.

La fonte se faisait par parties qui furent réunies d'abord au
moyen de clous, ensuite de queues d'aronde. On trouva aussi l'art
de souder directement les parties.

En France, le nombre des ouvrages en cuivre et en bronze, fondus
ou repoussés au marteau, a été considérable au moyen âge et à la
Renaissance. Benvenuto Cellini et le Primatice coulèrent d'un seul
jet de grandes statues. Ainsi l'Apollon du Belvédère et le groupe
du Laocoon, que l'on voit aux Tuileries, ont été moulés sur les
originaux antiques et fondus par les soins du Primatice. On adopta
même un procédé mixte qui permettait d'obtenir des résultats sin-
guliers. On fondait une figure comme un mannequin vêtu d'un
habit de dessous ; puis, sur ce mannequin de bronze, on posait suc-
cessivement des habits de dessus faits au marteau, des armes, des
bijoux de bronze ciselé, etc. D'autres fois, on avait un mannequin
en bois qu'on revêtait de lames très minces de bronze, façonnées
au marteau ou simplement embouties, c'est-à-dire modelées avec
l'ébauchoir sur un moule de bois. On pouvait ainsi satisfaire à
toutes les exigences de l'art et à celles de l'industrie.

Caradosso, sculpteur et ciseleur florentin du commencement du
XVIᵉ siècle, estampait encore sur relief. Pour faire par exemple une
statuette, il la modelait d'abord en cire, qu'il recouvrait ensuite
d'une certaine composition, pour constituer un moule (à cire perdue)
où il ménageait des trous. En chauffant ce moule, la cire fondait,

et a sa place il y coulait du bronze. C'était sur le modèle en bronze
ainsi obtenu qu'il repoussait définitivement sa feuille de métal. Cette
méthode a l'inconvénient de détruire l'original en cire et de présenter des difficultés tenant à l'estampage même sur relief; car s'il
est difficile, en certains endroits, de faire saillir la matière, il l'est
encore bien plus, dans les dessus, de la faire rentrer quand on en
a de trop.

Benvenuto Cellini, élève de Caradosso, estampait au contraire le
plus souvent dans des moules en creux, obtenus d'après son modèle
en cire, et dans lesquels il avait la précaution de ménager la *dépouille.*

Ces ouvrages, travaillés au repoussé, étaient d'abord soudés avec
soin, puis généralement ciselés. On y employait surtout l'or, l'argent
et le bronze. Parmi les plus considérables, on peut citer le Jupiter
en argent, haut de 4 brasses (environ 6^{m}50), de Benvenuto Cellini,
les portes en bronze de la cathédrale d'Augsbourg, etc.

L'industrie du repoussé est certainement le mode de travail qui
a donné le plus de chefs-d'œuvre en métal. C'est encore elle qui,
dans ces derniers temps, nous a fourni les meilleurs morceaux d'orfèvrerie.

« En orfèvrerie, dit le comte Delaborde, la fonte et la ciselure
sont des procédés bornés, le repoussé est l'art sans limites. »

Un artiste exercé, avec son marteau, soumet et assouplit le métal
au point de le conduire avec son outil comme on pourrait le faire
de la matière plastique la plus ductile. Il obtient des effets, des
passages de plans d'une délicatesse et d'une suavité qu'on n'égale
pas par d'autres moyens [1].

Ce genre de travail, qui se fait aujourd'hui beaucoup en plomb et
surtout en cuivre, offre le double avantage de la durée et de la légèreté ; il permet de reproduire les ornements d'une grande dimension, les statues colossales, en les obtenant d'un poids tout à fait
minime relativement à leur volume. Les planches ou feuilles de
métal, employées dans ces sortes de travaux, sont déjà laminées
avant qu'on leur fasse prendre leur forme définitive. Le laminoir,
en resserrant les molécules du métal, donne à celui-ci des qualités
de résistance et de durée supérieures à celles que peut avoir le
même métal simplement fondu ; le martelage y ajoute encore [1].
Cependant, depuis l'époque de la Renaissance jusqu'à nos jours,
cette industrie avait été à peu près abandonnée. Comme application
importante, nous ne trouvons guère à signaler que la statue de
saint Charles Borromée, à Arona, par Cérani. Elle date de la fin du
xviie siècle et est entièrement composée de feuilles de cuivre repoussé, grossièrement assemblées par des rivets.

---

[1] BARBEDIENNE. Rapport du jury de l'Exposition universelle de 1867, classe 22.

L'emploi du repoussé revient aujourd'hui fort en faveur, surtout pour les grandes figures et les ornements plus particulièrement destinés à décorer l'extérieur des édifices. L'ancienne maison Monduit et Béchet (Gaget, Gauthier et C^{io} successeurs), a, la première, recréé pour ainsi dire cette industrie, et plusieurs de nos architectes les plus connus parmi lesquels MM. Viollet-Leduc, Boeswillwald, Lefuel et Ch. Garnier, ont principalement contribué à en répandre les applications. Il nous suffira de citer les flèches de la Sainte-Chapelle et de Notre-Dame, avec leurs statues, la restauration du dôme des Invalides, la statue colossale de Vercingétorix à Alise-Sainte-Reine, le grand bas-relief du Génie des Arts au guichet du Carrousel, les dômes et la coupole du nouvel Opéra, la Renommée qu domine le pavillon central du Trocadéro, etc.

Ne pouvant pas entrer ici dans les détails techniques sur la fabrication du repoussé telle qu'elle se pratique aujourd'hui, nous nous contenterons, en terminant, d'exposer les principales raisons qui ont conduit M. Ch. Garnier à employer le cuivre dans certaines parties de la construction du nouvel Opéra. « La coupole extérieure de la salle et celles des pavillons latéraux sont couvertes en cuivre. Ce genre de couverture n'est pas très fréquemment employé ; cependant il y en a plusieurs exemples à Paris, notamment la coupole de la Halle aux blés, et cela suffit pour montrer qu'il a grande durée et grande solidité. De plus, comme la couverture en cuivre ne coûte pas plus que celle en plomb, à cause de la différence d'épaisseur des feuilles et des travaux accessoires, et qu'elle a un aspect chaud et décoratif, je me suis décidé à faire usage de cette matière dont, jusqu'à présent, je n'ai qu'à me louer. En effet, depuis bientôt dix ans que la couverture en cuivre est effectuée à l'Opéra, je n'y ai pas remarqué la moindre altération. Je ne regrette donc pas le parti que j'ai pris, et qui m'a permis, au surplus, pour la décoration ornementale, d'employer le cuivre repoussé et martelé à froid.

« Cette façon d'employer le cuivre n'est pas absolument nouvelle, et, il y a une dizaine d'années, elle avait été mise en usage pour exécuter la grande statue de Vercingétorix, modelée par A. Millet. Mais, malgré cela, il était rare que les architectes s'en servissent dans l'ornementation de leurs édifices. En tout cas, l'application qui en a été faite au nouvel Opéra est, je crois, plus importante que celles qui l'ont précédée, et elle a prouvé amplement que le procédé prêtait à toutes les combinaisons que l'on voudrait mettre en œuvre. Ainsi, à l'Opéra, toute la grande lanterne de couronnement de la coupole de la salle, les nervures de cette coupole, ainsi que les nervures et les couronnements des pavillons latéraux, ont été exécutés en cuivre repoussé. »

M. Garnier ajoute que l'emploi du cuivre repoussé était tout indiqué pour les coupoles de l'Opéra, d'abord à cause de sa légèreté, afin de moins charger les fermes du comble, puis à cause de la répétition fréquente des mêmes motifs, d'où économie sur la fonte et la galvanoplastie.

« C'est la maison Monduit et Béchet qui a exécuté ce travail considérable, et, je dois le reconnaître, avec une grande perfection et une grande rapidité. Tous les modèles des sculpteurs, après avoir été séparés en plusieurs pièces, étaient moulés par une gangue de fonte qui formait alors matrice, et dans laquelle on introduisait le cuivre en l'enfonçant. On l'emboutissait au moyen d'outils en bois dur frappés par un maillet. C'était vraiment un spectacle fort intéressant que cette exécution, devenant alors quasi machinale, mais qui ne laissait pas que d'exercer la sagacité de l'ouvrier, qui devait emboutir ou retreindre le cuivre de façon à lui faire prendre la forme exacte du moule, sans changer d'épaisseur. Il arrivait à merveille à ce résultat en taillant, dans les feuilles de cuivre, des espèces de patrons, bien plus grands naturellement que le diamètre du moule, et découpés de façon assez étrange, pour que le cuivre fût partout régulièrement réparti. »

M. Garnier donne aussi les motifs qui l'ont conduit à employer le cuivre pour l'exécution du plafond de la salle de l'Opéra. Les ordonnances de police prescrivant l'emploi de matériaux incombustibles, il avait à choisir entre la maçonnerie et le métal. La maçonnerie ne pouvant être terminée que vers la fin des travaux, le temps eut manqué pour qu'elle fût assez sèche et que Lenepveu exécutât son œuvre. De plus, s'il avait fallu peindre la coupole sur place, cela eût occasionné de grands embarras dont le moindre n'était pas la privation de la lumière. Il fallait donc trouver une voussure que l'on pût peindre à l'avance, afin de la placer à l'instant propice. M. Garnier se décida pour une calotte métallique, ayant près de 20 mètres de diamètre, composée de vingt-quatre segments, pouvant s'assembler et se démonter à volonté. Il choisit, pour la coupole, le cuivre, à cause de sa ductibilité, et le fer pour former les armatures, à cause de sa plus grande résistance aux déformations. « Ce travail fut exécuté dans les ateliers de MM. Monduit et Béchet, et cela avec la plus grande exactitude. Les panneaux furent essayés avec tous leurs assemblages, et les joints furent limés à vif, avec tant de précautions que, lorsque les panneaux étaient assemblés au moyen de boulons passant dans les trous des armatures, il devenait presque impossible de reconnaître la trace des joints. » La peinture a si parfaitement adhéré au métal, que le cuivre fait pour ainsi dire corps avec son enduit et ne peut pas en être détaché.

Nous ne pousserons pas plus loin nos citations. Nous croyons avoir suffisamment montré quel rôle important l'industrie du cuivre repoussé, après avoir été longtemps délaissée, est appelée à jouer dans la décoration des édifices comme dans la statuaire colossale.

IMPRIMERIE CENTRALE DES CHEMINS DE FER. — IMPRIMERIE CHAIX,
RUE BERGÈRE, 20, PARIS. — 17358-3.

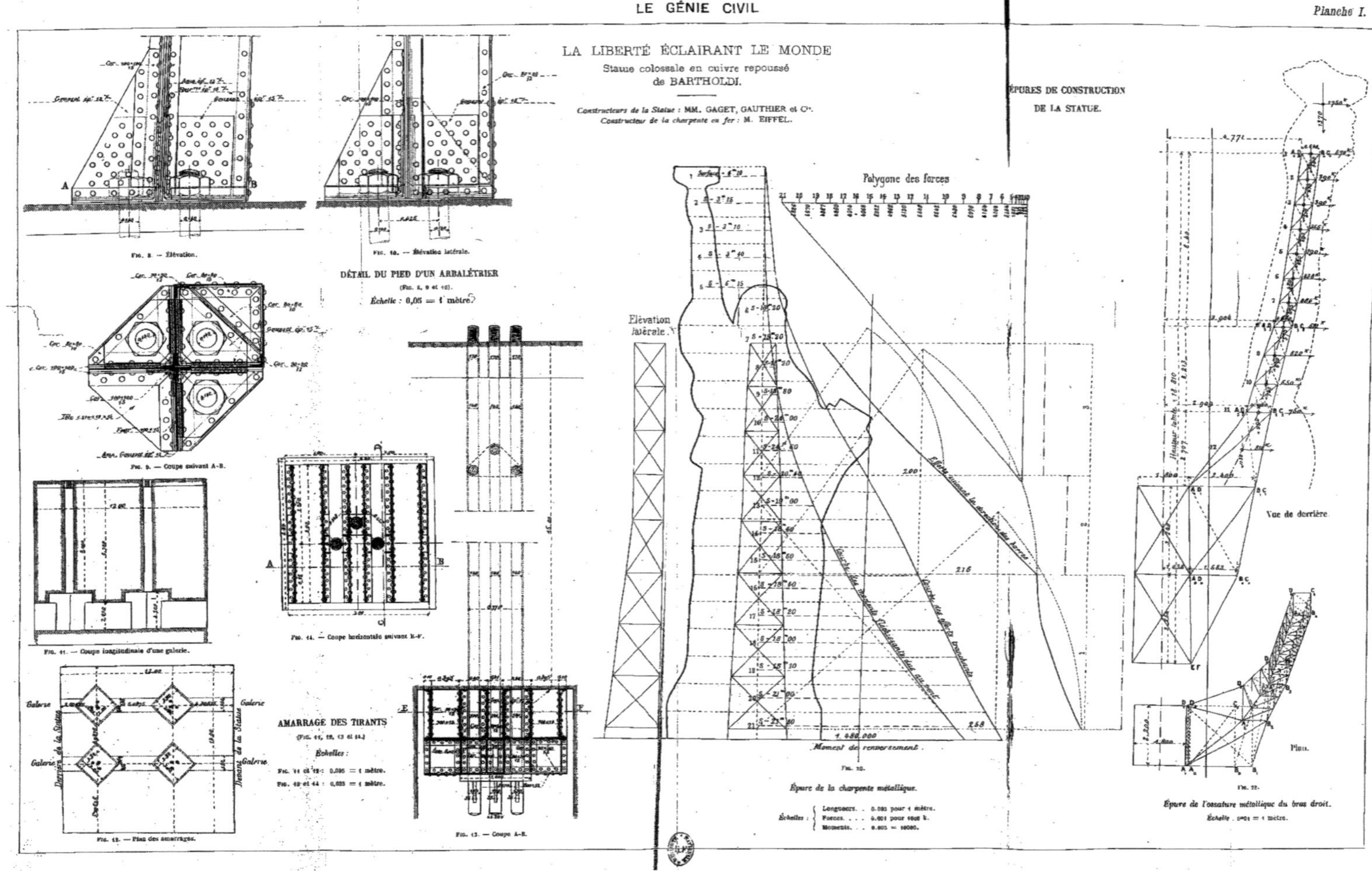

LA LIBERTÉ ÉCLAIRANT LE MONDE
Statue colossale en cuivre repoussé
de BARTHOLDI.
Constructeurs de la Statue : MM. GAGET, GAUTHIER et Cⁱᵉ.
Constructeur de la charpente en fer : M. EIFFEL.
ÉPURES DE CONSTRUCTION
DE LA STATUE.
FIG. 8. — Élévation.
FIG. 10. — Élévation latérale.
DÉTAIL DU PIED D'UN ARBALÉTRIER
(FIG. 8, 9 et 10).
Échelle : 0,05 = 1 mètre.
FIG. 9. — Coupe suivant A-B.
FIG. 11. — Coupe longitudinale d'une galerie.
FIG. 14. — Coupe horizontale suivant E-F.
FIG. 12. — Plan des amarrages.
AMARRAGE DES TIRANTS
(FIG. 11, 12, 13 et 14.)
Échelles :
FIG. 11 et 12 : 0,005 = 1 mètre.
FIG. 13 et 14 : 0,025 = 1 mètre.
FIG. 13. — Coupe A-B.
Polygone des forces
Élévation latérale.
Moment de renversement.
FIG. 15.
Épure de la charpente métallique.
Échelles : Longueurs. . . . 0,025 pour 1 mètre.
Forces . . . . 0,001 pour 1000 k.
Moments. . . . 0,005 = 10000.
Vue de derrière.
Plan.
FIG. 22.
Épure de l'ossature métallique du bras droit.
Échelle : 0,01 = 1 mètre.